Kürsad Kesici

Empirische Methodenlehre - Quantitative Untersuchung

GRIN Verlag

Bibliografische Information der Deutschen Nationalbibliothek:

Die Deutsche Bibliothek verzeichnet diese Publikation in der Deutschen National-
bibliografie; detaillierte bibliografische Daten sind im Internet über http://dnb.d-
nb.de/ abrufbar.

Impressum:

Copyright © 2012 GRIN Verlag GmbH
Druck und Bindung: Books on Demand GmbH, Norderstedt Germany
ISBN: 978-3-656-31280-2

Dieses Buch bei GRIN:

http://www.grin.com/de/e-book/204962/empirische-methodenlehre-quantitative-
untersuchung

GRIN - Your knowledge has value

Der GRIN Verlag publiziert seit 1998 wissenschaftliche Arbeiten von Studenten, Hochschullehrern und anderen Akademikern als eBook und gedrucktes Buch. Die Verlagswebsite www.grin.com ist die ideale Plattform zur Veröffentlichung von Hausarbeiten, Abschlussarbeiten, wissenschaftlichen Aufsätzen, Dissertationen und Fachbüchern.

Besuchen Sie uns im Internet:

http://www.grin.com/

http://www.facebook.com/grincom

http://www.twitter.com/grin_com

FHV
University of Applied Sciences

Empirische Methodenlehre –

Quantitative Untersuchung

Seminararbeit
an der
Fachhochschule Vorarlberg

Kürsad Kesici

Dornbirn, Juni 2012

Inhaltsverzeichnis

1 Einleitung

Der gesteigerte Wettbewerb in der Automobilindustrie führt zur konsequenten Einführung von schlanken Ansätzen zur Unternehmensführung. Die Vorreiter im Lean-Management sind Toyota mit ihrem Toyota Production System welches inzwischen von allen Automobilherstellern in modifizierter Art und Weise umgesetzt wird. Die Philosophie bei der schlanken Produktion ist der Blick auf das Aufspüren und Vermeiden von Verschwendung in der gesamten Wertschöpfungskette.

Der Begriff Schlanke Produktion wurde Anfang der 90er durch das MIT-Institut geprägt. Diese gebrauchten in ihrer Studie „The Mashine that changed the World" diesen Ausdruck um den Unterschied zur „gepufferten" Produktion aufzuzeigen. Die klassische Massenfertigung verwendet die gepufferten Lagerbestände aus mehreren Gründen. Ursachen für die Bildung von Beständen sind das Streben nach Produktionsglättung, Bildung von Läger zur Engpassvermeidung und das Streben einer möglichst hohen Kapazitätsauslastung (Vgl. Becker 2006, S. 262 ff). Einer der wichtigsten Ansätze des Lean-Managements ist die JIT[1]-Fertigung welche hilft, den Lagerbestand spürbar zu reduzieren. Hierbei wird im Pull-System produziert, sprich nur dann wenn es der Kunde benötigt und auch nur die benötigte Menge. Das Hauptproblem in der Produktion ist die Anlagenverfügbarkeit die bei einem ungeplanten Stillstand zum Erliegen der Wertschöpfungskette führt (Vgl. Hartmann 2007, S. 22). Eine erfolgreiche Herangehensweise ist der Ansatz des Total Productive Maintenance Managements (TPM) welches darauf zielt eine möglichst hohe Verfügbarkeit der Maschinen zu gewährleisten. TPM ist hier das richtige Konzept welches die Fähigkeiten und das Wissen der Mitarbeiter und Teams am Ort des Geschehens nutzt. Die Wartung und Reinigung der Maschinen bildet hierbei die Basis für das frühzeitige Erkennen und Beheben von Störungen und anbahnenden Ausfällen. Die ZF AG mit Sitz in Friedrichshafen hat ein TPM-Konzept seit dem Jahr 2001 in Anwendung weshalb diese als repräsentatives Beispiel für die Automobilzulieferer gewählt wurde.

---

[1] JIT steht für Just in Time

1.1 Problemstellung

In den Fertigungsbereichen der ZF Friedrichshafen müssen, unter anderem aufgrund schwankender technischer Verfügbarkeit Bestände vorgehalten werden. Diese geschehen in der Regel um die drohenden Maschinenstillstände zu überbrücken. Durch diese Bestände ist ein angestrebter One-Piece-Flow und der damit notwendige durchgehende Wertschöpfungsfluss nicht realisierbar.

1.2 Zielsetzung und Erkenntnisinteresse

Ziel der Erhebung in diesem Bereich soll es sein aus den Ergebnissen eine systematische Vorgehensweise zu entwickeln welche es erlauben soll die technische Anlagenverfügbarkeit der Anlagen und Maschinen zu erhöhen und zu halten. Die Umsetzung soll in das bestehende TPM-Konzept integriert und unter Einbeziehung aller Mitarbeiter erfolgen. Ein weiteres Bestreben ist es, die Verantwortung und die kontinuierliche Verbesserung der Maschinenverfügbarkeit den Mitarbeitern in autonomen Gruppen zu übertragen.

Das Erkenntnisinteresse begründet sich darin, dass es nur sehr wenige Vorzeigeunternehmen weltweit gibt welche das Konzept TPM erfolgreich anwenden. Die Erkenntnisse aus der Arbeit sind notwendig um die zu optimierenden Bereiche ausfindig zu machen. Die Ergebnisse sollen dem mittleren Management des Unternehmens ZF wichtige Erkenntnisse liefern und so das Unternehmen einen weiteren Schritt in Richtung exzellente Instandhaltung führen. Die Arbeitnehmervertretung die in diesen, die Mitarbeiter betreffenden Entscheidungen , ihre Mitgestaltungsmöglichkeit optimal zu nutzen.

2 Forschungsdesign

Im nachfolgenden folgenden Kapitel wird auf die für die weitere Ausarbeitung relevanten Grundlagen und das konkret Anwendung findende Forschungsdesign, spezifischer die Fragestellung samt der Hypothesen und dem Forschungsstand, definiert eingegangen werden. Des Weiteren werden die in Bezug auf das Forschungsgebiet stehenden Grundlagen und Fachbegriffe erläutert.

2.1 Forschungsstand

Die Recherche zum Forschungsstand in Bezug auf TPM ergab zwei Quellen, bestehend aus den Erkenntnissen von E. Hartmann und dem ganzheitlichen Ansatz von A. Reitz welcher es mit Lean TPM beschreibt und das Synonym Maintenance in Management wandelt. Reitz weist darauf hin welche Notwendigkeit und Wichtigkeit besteht die Mitarbeiter in den Prozess zu integrieren. Reitz beschreibt das so genannte Dürfen-Können-Wollen-Modell (DKW-Modell) als Basis für die Einbindung der Mitarbeiter (Vgl. Reitz 2008, S. 38).

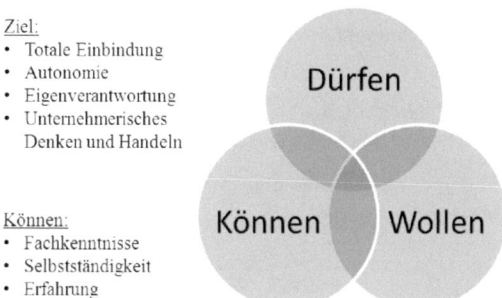

Abbildung 1: Das DKW-Modell

Quelle: Eigene Darstellung in Anlehnung an (Reitz 2008, S. 38)

Dieses Modell (Abbildung 1) muss durch die Führungskräfte bei der Einführung von TPM-Methoden und Anwendungen berücksichtigt werden um Defizite durch schlechte Vorbereitung, fehlende Ressourcen, mangelnde Qualifizierung oder Motivation präventiv entgegenzuwirken (Vgl. Reitz 2008, S. 39). Aus eigenen Projekterfahrungen hat sich gezeigt, dass das DKW-Modell abhängig ist von der Organisationsform, der Führung, dem Entlohnungsmodell und dem Einfluss des Betriebsrats. Seitens des Betriebsrates können solche Vorgehen als Leistungsverdichtung angesehen und können im Rahmen des Betriebsverfassungsgesetzes beeinflusst werden.

2.2 Definition der Fachbegriffe

- Bestände

Mit dem Begriff Bestand welches der Kategorie Material zuzuordnen ist, werden alle Gegenstände der Materialwirtschaft bezeichnet. Beispiele herfür sind Roh-, Hilfs-, und Betriebsstoffe, Handelswaren und Dienstleistungen(Vgl. Wannenwetsch 2009, S. 31). In dieser Arbeit wird mit Bestand nur der Sicherheitsbestand oder auch Reservebestand betrachtet welcher notwendig ist um auftretende Maschinenausfälle zu überbrücken. Dieser Bestand wird errechnet aus dem Mittelwert der Ausfallzeit einer Anlage.

- Durchlaufzeit

Mit Durchlaufzeit wird die Zeitspanne des Durchlaufs eines Fertigungsauftrages zur Durchführung aller Arbeitsaufgaben beschrieben. Diese setzt sich aus der Liegezeit, der Rüstzeit, der Bearbeitungszeit und der Transportzeit zusammen (Vgl. Olfert 2001, S. 251). In der Arbeit wird die Durchlaufzeit (DLZ) als die Zeit beginnend ab Entnahme des Teils aus dem Rohteilelager und der Lieferung an den Kunden, die Montage betrachtet.

- Maschinenverfügbarkeit

Mit der Maschinenverfügbarkeit wird das Verhältnis der Gutmenge an Produkten zur maximal möglichen Menge bezeichnet. Dieser Quotient wird in der Fachwelt mit OEE (Overall Equipment Effectiveness) oder auch Gesamtanlageneffektivität bezeichnet. Der Begriff Verfügbarkeit stellt einfach dargestellt die Wahrscheinlichkeit dar, mit der eine Anlage in einem funktionsfähigen Zustand anzutreffen ist und damit der Produktion zur Verfügung steht. Die Leistungsrate wird aus dem Verhältnis der geplanten Taktzeit zur Maschinenlaufzeit, multipliziert mit der Anzahl der gefertigten Teile berechnet. Die Qualitätsrate wird aus dem Verhältnis der gefertigten Teile abzüglich dem Ausschuss und der Nacharbeit zur Gesamtstückzahl der gefertigten Teile berechnet (Vgl. Hartmann 2007, S. 71 ff).

2.3 Fragestellung

„Wie kann die technische Verfügbarkeit der Anlagen und Maschinen im Rahmen der TPM Methode erhöht und gehalten werden, sodass Bestände abgebaut werden und die Elemente der schlanken Produktion umgesetzt werden können?"

2.4 Hypothesenbildung

Aufgrund der Forschungsfrage und der Problemstellung können die nachfolgenden Hypothesen ableiten:

- Je höher die Einbindung der Anlagenbediener in die präventive Wartung desto genauer ist die Schadensdiagnose- und Meldung.

Diese Hypothese ergibt sich aus der Annahme, dass bei einer hohen Einbindung der Anlagenbediener, welche auch mit Qualifizierung einhergeht eine genauere Schadensmeldung durch diese erfolgt. Dies verringert die Schadensbehebung immens, da der technische Dienst effizient reagieren kann und doppelte Wege vermieden werden können. In der Regel wird der Schaden begutachtet und anschließend Maßnahmen abgeleitet. Die unabhängige Variable stellt in dieser Hypothese die Einbindung der Mitarbeiter da und die abhängige Hypothese die Qualität der Schadensmeldung.

- Je höher und stabiler die technische Verfügbarkeit, desto geringer die Durchlaufzeit.

Hierbei spielt die Tatsache eine Rolle, dass bei einer dauerhaft hohen technischen Verfügbarkeit keine Sicherheitsbestände vorgehalten werden müssen so dass die Bestände in der Produktion verringert werden und somit die Durchlaufzeit entsprechend sinkt.

- Je höher das Verständnis der Instandhaltungstechniker zur Mitarbeit der Anlagenbediener ist, desto höher ist die Akzeptanz zur TPM-Methode.

Das Problem bei der Einführung von TPM ist die konkurrierende Haltung der Instandhaltungsmitarbeiter und den Anlagenbedienern, da die Instandhaltungstechniker die Anlagenbediener in ihrer erweiterten Funktion als Konkurrenten betrachten. Durch das Verständnis und dem Wissen über den Nutzen dieser Vorgehensweise können diese Barrieren abgebaut werden und eine gemeinsame Vision und ein Ziel vereinbart werden.

3 Untersuchungsdesign

3.1 Stichprobenverfahren

Als Grundgesamtheit kommen einerseits alle Anlagenbediener und andererseits alle Instandhaltungsmitarbeiter des Standortes Friedrichshafen in Frage. Im Falle der Instandhaltungsmitarbeiter werden durch eine Vollerhebung alle 65 Mitarbeiter wobei nicht nach den zwei Bereichen Elektroniker und Mechaniker unterschieden wird ausgewählt. Bei den Anlagenbedienern ist die Vollerhebung durch die hohe Anzahl von über 580 Personen nicht möglich weshalb eine Querschnittserhebung durchgeführt wird. Bei den Instandhaltungsmitarbeitern ist aufgrund des hohen Qualifizierungsstandes mit einer sehr hohen Rücklaufquote zu rechnen. Das Problem ist bei den Anlagenbedienern gegeben, da bei der zufälligen Auswahl Mitarbeiter mit Sprachbarrieren, Mitarbeiter mit geringem Qualifizierungsstand und Mitarbeiter ohne Interesse in die Auswahl kommen können. Bei den Sprachbarrieren und Verständnisproblemen müssten Rückfragen beantwortet werden, was aber eine Beeinflussung der Ergebnisse zur Folge hätte. Die Erhebungsmethode kann bei den Instandhaltungsmitarbeitern mittels eines Onlinefragebogens in MS Word durchgeführt werden und bei den Anlagenbedienern nur in Papierform, da diese in der Regel über keine elektronischen Kommunikationsmittel innerhalb des Unternehmens verfügen. Um die Rücklaufquote bei den Anlagenbedienern zu erhöhen müsste die Erhebung innerhalb der wöchentlichen Arbeitszirkel erfolgen. Bei den Anlagenbedienern würde eine Schichten- oder Quotenauswahl in Frage kommen um eine höhere Genauigkeit zu erzielen, da hier Betriebszugehörigkeit, Qualifikation und andere Merkmale Betrachtung finden könnten. Vor dem Beginn der Erhebung erfolgt ein Pretest um die Formulierung insbesondere für die Anlagenbediener zu optimieren.

3.2 Erhebungsverfahren

Die Erhebung findet bei den Instandhaltungsmitarbeitern in form einer Onlineumfrage mittels eines Umfragetools und bei den Anlagenbedienern mit ano-
nymisierten Papierfragebögen statt. Für die Skalierung würde ich die Likertskala
favorisieren, bei der die Befragten in einer fünfstufigen bipolaren Ratingskala
den Grad ihrer Zustimmung wählen (Vgl. Baumgarth; Bernecker 1999, S. 37 f).
Die Erhebung beinhaltet die Variablenblöcke zu den demographischen Merk-
malen, dem Wissensstand zum Thema TPM, der Haltung des Betroffenen zum
Thema und die Wichtigkeit für den Betroffenen. Wichtig ist bei den Fragen der
Nbezug zu den gestellten Hypothesen, diese müssen der Bezug zu den Fragen
sein.

3.3 Auswertungsverfahren

Die Auswertung der Onlineumfrage erfolgt ebenfalls Online wobei sehr viele Möglich-
keiten der Darstellung gegeben sind. Die Auswertung muss die Hypothesen darlegen
können. Die Auswertung der Papiergebundenen Erhebung muss in eine Excel-Liste
übertragen werden. Die relative Häufigkeit wird benötigt welche aus der Verhältnisset-
zung der absoluten Häufigkeiten zur Gesamtzahl von Merkmalsträgern berechnet wird
(Vgl. Baumgarth; Bernecker 1999, S. 99). Das Problem wird die Unterschiedliche Darstellung zwischen der Online- und der papiergebundenen Erhebung sein. Hier stellt
sich die Frage alles in Papierform durchzuführen um ein homogenes Bild zu bekom-
men.

Literaturverzeichnis

Baumgarth, Carsten; Bernecker, Michael (1999): Marketingforschung Wirt-
schafts- und Sozialwissenschaftliches Repetitorium. Bernecker, Michael;
Pohlmann, Carsten (Hrsg.): München, Wien: Oldenbourg (= WiSorium)

Becker, Helmut (2006): Phänomen Toyota: Erfolgsfaktor Ethik. Heidelberg:
Springer

Hartmann, Edward H. (2007): TPM- Effiziente Instandhaltung und Maschinen-
mangement: Stillstandzeiten verringern, Maschinenleistungen steigern,
Betriebszeiten erhöhen. München: mi

Olfert, Klaus (2001): Lexikon der Betriebswirtschaftslehre. 4. Aufl. Ludwigshafen:
Kiehl

Reitz, Andreas (2008): Lean TPM: In 12 Schritten zum schlanken Management-
system- Effektive Prozesse für alle Unternehmensbereiche- Gesteigerte
Wettbewerbsfähigkeit durch KVP- Erfolge messen mit der Lean-TPM-
Scorecard. München: MI Wirtschaftsbuch

Wannenwetsch, Helmut (2009): Integrierte Materialwirtschaft Und Logistik: Be-
schaffung, Logistik, Materialwirtschaft Und Produktion. Gabler Wissen-
schaftsverlage